à la vapeur

Clémence Catz
textes et photographies

éditions la plage

Sommaire

Une nouvelle cuisine vapeur

Avant d'écrire ce livre, le cuit-vapeur, pour moi, c'était les haricots verts un peu fades, les régimes tristounes et mes souvenirs d'étudiante peu exigeante sur la qualité gustative de ce que je mettais dans mon assiette. Un instrument un peu *old school* et tellement moins sexy que mon extracteur ou mon Vitamix… Et puis, je me suis dit qu'il y avait sûrement moyen d'inventer une vapeur *green* et gourmande mettant en valeur les belles qualités de la cuisson douce. J'ai donc testé la pâtisserie à la vapeur avec de petits moelleux et un fondant au chocolat puis, emballée par le résultat, des boulettes et du clafoutis de légumes… Conclusion : tout ce qui est tendre, moelleux et onctueux est superbement mis en valeur par l'humidité délicate de la cuisson vapeur. Une véritable révélation ! Vous trouverez donc dans ce livre tout ce que vous n'aviez jamais pensé cuire à la vapeur, des barres de céréales au potimarron farci en passant par le pain et les petits pots de légumes pour bébé. Désormais, j'utilise mon cuit-vapeur presque chaque jour pour des recettes plus gourmandes les unes que les autres et ça n'est pas près de s'arrêter. Démodée, la vapeur ? Plus maintenant !

LES DIFFÉRENTS TYPES DE CUIT-VAPEUR

Techniquement, dans un cuit-vapeur quel qu'il soit, la vapeur d'eau enrobe les aliments sans contact avec l'eau elle-même. La vapeur d'eau se formant, par définition, à 100 °C, l'aliment est soumis à une cuisson douce et uniforme préservant idéalement ses nutriments, à condition bien sûr d'utiliser un appareil classique et pas sous pression. En effet, la Cocotte-Minute, qui monte très haut en température, est certes une précieuse façon de gagner du temps sur la cuisson des légumes ou même du pot-au-feu familial, mais ne présente pas grand intérêt d'un point de vue gustatif et nutritionnel puisqu'elle détruit vitamines et minéraux. Avec la vapeur douce « traditionnelle », qui est celle dont nous parlerons dans ce livre, les légumes restent croquants, les aliments parfumés et leurs nutriments préservés. Il existe différents types d'appareils, plus ou moins chers et plus ou moins techniques.

Le cuit-vapeur électrique : celui qu'on a généralement tous possédé à un moment ou un autre. Ses plateaux empilables sont disposés sur une cuve que l'on remplit d'eau. Il n'y a qu'à brancher l'appareil pour porter celle-ci à ébullition et faire cuire les aliments disposés au-dessus, qui, séparés par étages, conserveront chacun sa saveur propre. Plus ou moins performants, parfois très design et vendus avec des options de cuisson et accessoires divers, ces modèles existent désormais pour tout type de budgets et d'envies, mais même un appareil très basique peut se révéler bien pratique pour marier petit budget, simplicité et légèreté. Un conseil : placez les ingrédients nécessitant la cuisson la plus forte sur le plateau inférieur.

Le couscoussier : composé d'une marmite classique, ou même d'une casserole, généralement en aluminium ou en Inox, sur laquelle on dispose un panier percé, il est simple mais redoutablement efficace. On remplit la marmite d'eau, on place les aliments dans le panier et on ferme avec un couvercle. La plupart des cuit-vapeur traditionnels fonctionnent sur le même principe : les paniers vapeur asiatiques en bambou se posent sur une casserole, tout comme la fameuse marguerite, qui dépanne les solos qui n'ont pas envie de s'encombrer d'un gros équipement pour préparer une portion de légumes (ou un *mug cake*). L'inconvénient de ce type d'appareils ? Les aliments ne sont pas séparés par un plateau (sauf dans le cas des paniers en bambou). Préparer d'un coup l'entrée, le plat et le dessert peut se révéler un peu compliqué !

Le cas du Vitaliseur de Marion (et du Vapok) : on m'a tant parlée de lui et tant questionnée à son sujet qu'il méritait bien sa petite sous-partie ! Brillant et majestueux, ce grand cuit-vapeur de type couscoussier, en Inox 18/10, conçu pour cuire les aliments à une température maximale de 95 °C, est certes un bel objet, mais mérite-t-il son prix et l'engouement dont il fait l'objet ? Si vous avez le budget, si vous cuisinez beaucoup à la vapeur et si vous n'avez pas besoin de superposer les plateaux (voir plus haut), il est pour vous. Les légumes restent croquants et parfumés (je n'ai jamais vu des brocolis aussi verts après cuisson), les céréales et autres préparations pâtissières bien fondantes ou moelleuses. De plus, son couvercle en forme de dôme empêche le ruissellement de la vapeur sur les aliments et c'est, selon moi, l'une de ses qualités principales : on peut même y faire cuire un gros gâteau d'anniversaire ! Bien sûr, vous pourrez préférer le petit modèle si vous cuisinez en solo. Il existe un modèle équivalent, le Vapok : à vous de choisir !

Le *rice cooker* : destiné, comme son nom l'indique, à la cuisson du riz, cet instrument utilisé dans les pays asiatiques peut aussi servir à la cuisson des pâtes, des légumes ou de diverses céréales, voire même des gâteaux. Le principe : lorsque le riz a absorbé toute l'eau placée avec lui dans la cuve, la température n'est plus maintenue à 100 °C et monte alors en flèche. Le thermostat stoppe la cuisson et l'appareil passe automatiquement en mode « maintien au chaud », à 65 °C, jusqu'à consommation du riz. Il est également possible d'utiliser le *rice cooker* comme un cuit-vapeur « classique » en plaçant un panier au-dessus de l'eau en ébullition. Mais c'est pour la boulange que cet outil m'a semblé le plus pratique : il suffit de faire lever le pâton en mode « maintien au chaud », puis de le cuire à pleine puissance en le retournant entre deux cycles de cuisson. Résultat : une croûte certes peu colorée et un pain qui peine à lever, mais une mie incroyablement moelleuse évoquant presque le pain brioché. Et pour cause : la cuisson s'interrompt dès que l'appareil ne détecte plus d'humidité !

Le four vapeur : encore réservé aux porte-monnaie bien fournis (son prix varie de 1 000 à 4 000 euros environ), le four à vapeur ressemble à un four et fonctionne comme un cuit-vapeur. Ses avantages : outre sa taille, permettant de cuire de plus gros volumes, il est aussi capable de réchauffer, décongeler, dessécher ou stériliser. Il existe plusieurs types de fours vapeur, garantissant une cuisson plus ou moins respectueuse des aliments (basse ou haute pression, combiné ou même micro-ondes vapeur). J'ai également eu l'occasion de tester le « four mobile à vapeur » de Dejelin, un gros cuit-vapeur à étages en Inox, avec minuteur et programmation, proposant toutes les opérations citées ci-dessus pour un prix relativement bas. Si le four à vapeur vous intéresse mais que vous ne cherchez pas une grande contenance, c'est l'option minibudget à laquelle s'intéresser de près.

Enfin, citons les **dérivés de la cuisson vapeur** (cuisson à l'étouffée, papillote ou même micro-ondes...), qui résultent du même processus mais n'ont pas toujours les vertus de la vapeur : si la cuisson à l'étouffée respecte bien les qualités nutritionnelles des aliments (il faudra tout de même surveiller régulièrement le taux d'humidité dans la casserole en fonction des légumes choisis), la papillote reste une cuisson au four à des températures dépassant parfois allègrement les fameux 100 °C... et ne parlons pas du micro-ondes !

En dehors du pain au *rice cooker*, j'ai réalisé les recettes de ce livre avec mon vieux cuit-vapeur de type couscoussier (muni d'un couvercle un peu cabossé et pas vraiment hermétique), un Vitaliseur grand format et un « four mobile à vapeur » Dejelin. Elles sont donc compatibles avec tous les types de cuit-vapeur et tous les budgets. Pensez juste, si votre matériel n'est pas formulé pour empêcher le ruissellement, à couvrir vos préparations pâtissières pour éviter que l'eau en condensation ne goutte dessus et ne détrempe leur surface (voir la « Foire aux questions » page 10). Dans les recettes concernées, il sera indiqué, tout simplement, « couvrir au besoin ». À vous de voir !

Cuiseur-vapeur marguerite

Cuiseur-vapeur type rice cooker

Cuiseur-vapeur électrique Magimix

Cuiseur-vapeur type
couscoussier Vapok

Le vitaliseur de Marion

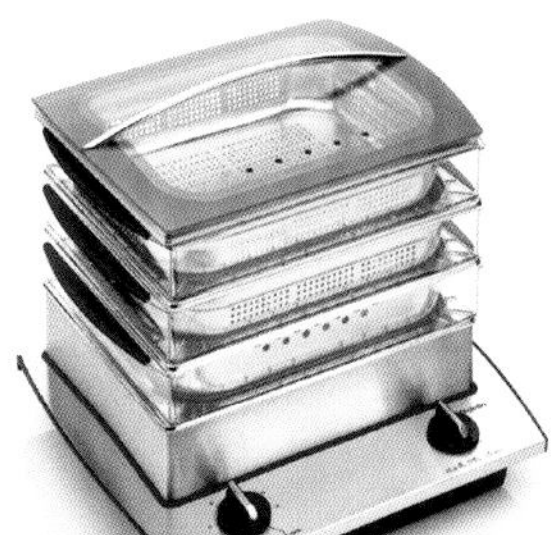

Four mobile à vapeur Dejelin

LES VERTUS DE LA CUISSON VAPEUR

Mis en avant dans tous les livres consacrés au sujet, l'argument « cuisine saine » est le plus gros atout de la vapeur. Le principal avantage du cuit-vapeur est bien sûr son mode de fonctionnement, qui limite la fuite des nutriments dans l'eau de cuisson et maintient la température à 100 °C : les aliments conservent ainsi une grande partie de leurs vitamines et minéraux. Une étude réalisée par un laboratoire indépendant sur la cuisson au Vapok démontre ainsi que la valeur nutritionnelle des légumes sélectionnés reste généralement au moins égale après cuisson (voir le tableau ci-dessous). Un conseil tout de même, si vous souhaitez préserver le goût et les nutriments de vos légumes : coupez-les en petits morceaux et cuisez-les *al dente*, afin qu'ils restent légèrement croquants. Une cuisson longue, même à la vapeur douce, dégrade petit à petit les aliments.
Rappelons aussi que la vapeur permet l'élimination d'une partie des pesticides, qui ruissellent en cours d'opération dans l'eau de cuisson, et empêche la formation de composés toxiques due à une cuisson violente à haute température (barbecue, friture). En bref, on garde le bon et on élimine le mauvais !

Enfin, et ce n'est pas le moindre de ses atouts, la cuisson vapeur exige une cuisine saine, à partir de produits bruts, avec des cuissons courtes et l'ajout des matières grasses après cuisson. On peut donc utiliser toutes sortes d'huiles ou de beurres végétaux, même ceux qui se dégradent à la cuisson, et diversifier les apports en acides gras, voire même les réduire si l'on souhaite alléger son assiette naturellement et sans contraintes.

Valeur nutritionnelle des légumes avant et après cuisson à la vapeur (en mg/ 100g)

	Brocoli		Poireau		Carotte		Chou	
	Cru	Cuit	Cru	Cuit	Cru	Cuit	Cru	Cuit
Vitamine C	33	56	2,8	4,3	4,1	2,5	19,7	23
Vitamine B3	0,39	0,76	0,46	0,56	< 0,2	< 0,2	0,21	0
Calcium	63,5	50	45,9	36,4	25	27,4	59,6	73,4
Magnésium	279	30,6	5,5	5,4	12,1	12,3	11	10,3
Potassium	342	381	179	234	234	217	275	246
Sodium	67,6	408	10,1	12,7	46,4	61	9	13,5
Phosphore	79	85	26	28	24	18	41	40

Source : www.nature-vitalite.com/cuit-vapeur-vapok/241-cuit-vapeur-vapok.html?gclid=CJPVgO_6q9QCFRaNGwod3LIMCQ

QUE PEUT-ON CUIRE À LA VAPEUR ?

Légumes : théoriquement, tous les légumes peuvent être cuits à la vapeur, mais certains s'y prêtent mieux que d'autres. Carottes, brocolis, asperges ou courges sont des candidats idéaux et en ressortiront juste fondants ou légèrement croquants. Les pommes de terre en revanche risquent de devenir un peu collantes, sauf dans le cas des petites grenailles, qui devront être nettoyées et cuites avec leur peau. À vous de faire des tests et de choisir vos préférés ! Les fruits peuvent faire un court passage à la vapeur, pour réaliser de la compote par exemple, mais attention, ils sont fragiles et mieux vaut raccourcir autant que possible la durée de cuisson. Là encore, vous aurez sans doute plus de succès avec des pommes ou des abricots qu'avec des fraises, beaucoup plus aqueuses, mais ce n'est qu'une histoire de goûts !

Légumineuses : vous pouvez tout à fait cuire vos légumineuses à la vapeur. Vous gagnerez même parfois quelques minutes de cuisson. Pour améliorer leur digestibilité et leur assimilation, les règles ne changent pas : faites-les tremper plusieurs heures dans un grand volume d'eau fraîche, rincez-les bien puis mettez-les dans un récipient rempli d'eau, que vous disposerez sur le plateau du cuit-vapeur. Ajoutez-y un morceau d'algue kombu si vous le souhaitez et faites cuire le temps indiqué.

Céréales et grains assimilés : ils peuvent être cuits à la vapeur, mais comme on doit préalablement les placer dans un récipient rempli d'eau, l'opération présente un intérêt très relatif. Vous gagnerez du temps, cependant, en utilisant un seul instrument pour cuire tout le repas et en faisant cuire vos céréales avec les légumes (et le dessert). La durée de la cuisson sera environ la même qu'à la casserole.

Pâtisseries : plus un gâteau est destiné à être moelleux, plus il est adapté à la cuisson vapeur. Vous pouvez cuire les gâteaux dans tout type de récipients (moules, mugs, caissettes à muffins), en évitant papier et carton, qui risquent de se détremper. Évitez les préparations de type cookies et sablés, qui doivent sécher pour être croquants et nécessitent une cuisson au four. Et n'oubliez pas que le chocolat peut fondre dans un bol à la vapeur, histoire de réduire au minimum la corvée de vaisselle !

Protéines animales : il est déconseillé de cuire du fromage à la vapeur, à moins qu'il ne soit totalement intégré à la préparation (mélangé, voire mixé préalablement avec les autres ingrédients) ; il perdra sa tenue, deviendra tout mou et légèrement caoutchouteux. Ajoutez-le plutôt en fin de cuisson, il se réchauffera au contact des autres aliments ! Les œufs, en revanche, apprécient beaucoup la cuisson vapeur, qu'ils soient à la coque, en cocotte ou dans les gâteaux.

Temps de cuisson

Aliment	Temps de cuisson
Artichaut	30-35 mn (entier)
Aubergine	5-10 mn (émincée)
Betterave	10-15 mn (émincée)
Brocolis , chou-fleur	5-8 mn (en fleurettes)
Carottes	10 mn émincée, 15 mn entière
Champignons	3 mn émincés, 10 mn entiers
Chou rouge ou vert	15 mn (émincé)
Courge (butternut, potimarron…), patate douce	15-20 mn selon l'épaisseur de la tranche
Courgette	5 mn émincée, 15-20 mn entière
Épinards	5 mn environ (selon le volume)
Maïs	4 mn en grains, 12 à 15 mn entier
Petits-pois frais	5 à 7 mn
Poivrons	15 mn émincée, 20 mn entiers
Pommes de terre	7 mn émincées, 20 mn entières
Fruits rouges	3 mn
Pommes	9 mn
Œufs	3 mn à la coque, 6 mn mollet, 9 mn dur
Riz complet	40 mn
Boulghour, couscous	5 à 10 mn
Quinoa, riz blanc, sarrasin	20 mn
Pois-chiches	1 heure (1 nuit de trempage minimum)
Lentilles, haricots secs, fèves sèches	30-40 mn (2 à 4 h de trempage)
Lentilles corail	10 à 15 mn

FOIRE AUX QUESTIONS

La vapeur dore-t-elle ?

Non, seules les cuissons à haute température permettent la formation de la fameuse croûte dorée. Les préparations à la vapeur se colorent légèrement mais ne dorent pas et leur texture est la même à l'intérieur et en surface. Vous pouvez cependant les enrichir d'une pincée de safran ou de curcuma… ou carrément tricher en couvrant leur surface, avant ou après cuisson, de graines et noix, fruits, chocolat en poudre ou fondu, sucre glace…

La vapeur fait-elle gonfler les gâteaux ?

Très peu. Le choc thermique, plus doux que dans le cas de la cuisson au four, ainsi que la vapeur chargée d'eau ne facilitent pas cette opération. Vous ferez peut-être l'expérience de gâteaux aussi gonflés que des soufflés en fin de cuisson, mais ne vous emballez pas : ils retombent aussi vite que ces derniers, ce qui ne les empêche pas d'être moelleux et délicieux.

Cuisson vapeur, cuisson au four : laquelle est la plus rapide ?

On croit souvent que la cuisson vapeur est un peu fastidieuse, du genre « plus c'est long, plus c'est bon ». En réalité il n'en est rien : les légumes doivent même être cuits au minimum pour conserver leur identité nutritionnelle et gustative. Quant aux gâteaux, j'ai eu l'agréable surprise de constater qu'ils cuisaient souvent aussi vite, voire même plus vite, que dans un four ! Il n'y a que pour les céréales que vous risquez de perdre un peu de temps, mais à mon avis, ce ne sont pas les aliments les plus adaptés à la cuisson vapeur, puisqu'elles doivent de toute façon cuire dans de l'eau. Comptez tout de même le temps de mettre votre appareil en marche et de porter l'eau à ébullition…

Parfumer l'eau de cuisson, ça sert à quelque chose ?

Certaines personnes le font, mais en réalité cela ne sert à rien : la vapeur n'étant ni plus ni moins que de l'eau distillée, elle est totalement pure et ne peut pas véhiculer les saveurs des aromates qui auraient été placés dans le bain de cuisson. Ajoutez-les plutôt directement sur votre préparation en fin de cuisson ! Même remarque pour le sel.

Peut-on recycler l'eau de cuisson ?

Certes, c'est assez tentant, car après cuisson des aliments elle est toute colorée et très parfumée. Beaucoup de personnes le font, mais c'est plutôt déconseillé, surtout si les fruits et légumes cuits à la vapeur ne sont pas biologiques : l'un des grands avantages de la cuisson vapeur étant l'élimination des graisses et pesticides de surface dans l'eau de cuisson, il serait dommage de les récupérer avec celle-ci ! Si vous utilisez des aliments bio et si vous tenez tout de même à la recycler, faites-en une base de bouillon ou utilisez-la comme eau de cuisson des céréales.

Comment éviter le ruissellement (et le détrempage des aliments situés en dessous) ?
Si votre cuit-vapeur n'a pas de couvercle en forme de cloche, la vapeur risque de retomber sur les aliments. Aucun souci avec les fruits ou les légumes, en revanche vos préparations pâtissières, sucrées ou salées, risquent de ne pas aimer. La solution : couvrez vos plats de papier cuisson ou de film alimentaire, en le maintenant avec un élastique ou une ficelle alimentaire. Et ne remplissez pas les moules à ras bord, pour éviter le contact entre les aliments et leur « couvercle », surtout si la préparation est destinée à gonfler.

Peut-on réchauffer (ou maintenir au chaud) un plat à la vapeur ?
Petite, j'étais très intriguée par la technique de mon père pour garder les crêpes au chaud : il les superposait sur une assiette, les couvrait de film et la plaçait sur une casserole d'eau frémissante – c'était le meilleur moyen de conserver leur moelleux si fragile. Si vous souhaitez réchauffer une préparation délicate sans la dessécher, la vapeur est la méthode qu'il vous faut, en prévoyant bien sûr le temps de porter l'eau à ébullition...

Peut-on décongeler à la vapeur ?
C'est même l'un des meilleurs modes de décongélation rapide : si pour vous non plus, le micro-ondes n'est pas une option, et si vous manquez de temps pour une décongélation traditionnelle au réfrigérateur, sortez votre cuit-vapeur ! Il suffit de disposer les aliments à décongeler dans un bol ou directement sur le plateau ou le tamis de l'appareil et de les laisser décongeler doucement le temps nécessaire.

Peut-on brûler un plat à la vapeur ?
On peut trop le cuire, c'est certain, mais impossible de le faire brûler puisqu'il ne peut pas se dessécher. Tout ce que vous risquez, c'est de le trouver trop mou et sans goût, surtout dans le cas des légumes. Pour résumer, disons que les végétaux réclament des cuissons extrêmement courtes, les légumineuses et les œufs la juste durée, et les céréales et pâtisseries, qui ont besoin de beaucoup de moelleux, une cuisson plus longue et toujours très douce.

Vapeur
salée

Les légumes à la vapeur

Les légumes à la vapeur font parfois un peu peur : trop fades, tout mous, bref, pas très sexy. Pourtant, il est très facile de les réussir à la perfection en préservant leur goût et leur couleur, surtout avec quelques petites astuces et des idées d'accompagnements qui changent !

Pour commencer, une règle de base : un même légume devra être découpé en morceaux de taille égale, pour favoriser une cuisson uniforme et éviter que des morceaux trop et pas assez cuits ne se côtoient. Pour la même raison, si vous cuisez vos légumes entiers, choisissez des spécimens de taille à peu près identique. Et bien sûr, c'est aussi valable pour les fruits (pommes, poires, pêches ou abricots…).

De façon générale, les aubergines, betteraves, poireaux, céleris-raves, choux rouges ou verts devront être émincés avant cuisson, tandis que le chou-fleur et le brocoli devront être détaillés en fleurettes. Pour le reste, c'est comme vous voulez ! Quelques conseils particuliers…

Artichauts : on peut prélever les cœurs et les cuire une dizaine de minutes, jusqu'à ce qu'ils soient tendres, mais les artichauts peuvent aussi être cuits entiers pendant une trentaine de minutes. Pour vérifier la cuisson, tirer sur une feuille : si elle cède facilement, c'est cuit !

Courges : en dehors des petits spécimens individuels (minipotimarrons, jack be little, pommes d'or), les courges doivent être coupées en tranches de taille égale avant cuisson. On peut les éplucher, mais leur peau s'ôtera bien plus facilement après cuisson. À noter que certaines variétés, comme le potimarron, peuvent être consommées avec leur peau.

Fanes : ne les jetez pas ! Les tiges et les fanes des légumes racines (carottes, betteraves, radis…), la verdure comestible des légumes feuilles (cresson, blettes, épinards) et même les cosses des légumes à graines (fèves, petits pois) sont comestibles ! Il suffit de les passer quelques minutes à la vapeur (très peu pour les fanes, plus longtemps pour les cosses, souvent très fibreuses), puis de les déguster en *topping*, poêlées ou dans une soupe – il y a désormais plein d'idées sur le Net.

Pommes de terre : si vous souhaitez des pommes de terre bien fermes, la vapeur n'est pas idéale car elles peuvent se déliter à la cuisson et même devenir légèrement collantes. En revanche, la cuisson vapeur est indiquée pour les variétés « spécial soupes et purées ». On peut les éplucher et les émincer préalablement, ce qui raccourcit considérablement leur temps de cuisson, ou les cuire entières avec leur peau et les éplucher ensuite.

Tomates : pour ôter leur peau, les passer 1 à 2 minutes à la vapeur, puis les plonger dans un bain d'eau fraîche pour quelques minutes avant de retirer la peau, qui se détache très facilement. Les couper en deux, ôter les pépins et les remettre à cuire à la vapeur le temps correspondant à la recette.

SAUCES ET ACCOMPAGNEMENTS

Ces petites recettes égayeront les légumes à la vapeur, mais peuvent aussi être servies avec des céréales ou sur un plat de pâtes. Elles seront parfaites également en nappage sur une belle patate douce farcie, une aubergine ouverte en deux et cuite avec un filet d'huile d'olive, ou quelques pommes de terre vapeur.

Automne-hiver : sauce orange et cumin (pour 2 personnes) : Mélanger 2 c. à soupe de purée de noix de cajou avec 1 c. à soupe de jus d'orange, 1 c. à café de sirop d'érable, 1/3 de c. à café rase de cumin et 1 belle pincée de sel. Allonger avec de l'eau fraîche jusqu'à obtention de la consistance souhaitée. Ajouter éventuellement 1 c. à soupe de coriandre ciselée.
Délicieux avec : les courges, les patates douces, les carottes, le fenouil…

Printemps : crème au miso blanc (pour 2 personnes)
Mélanger 1 c. à soupe de miso blanc avec 1 c. à soupe de purée d'amandes blanches, 1 c. à soupe de jus de citron, 1 c. à café de tamari et 1 belle pincée de sel. Allonger avec de l'eau fraîche jusqu'à obtention de la consistance souhaitée.
Délicieux avec : les légumes verts et les petits primeurs (haricots, fèves et petits pois, brocolis)…

Été : crème amande et balsamique (pour 2 personnes)
Mélanger 2 c. à soupe de purée d'amandes blanches avec 1 c. à soupe de vinaigre balsamique, 2 c. à café de jus de citron, 1 gousse d'ail dégermée et écrasée, et 1 belle pincée de sel. Allonger avec de l'eau fraîche jusqu'à obtention de la consistance souhaitée. Servir avec des feuilles de basilic hachées.
Délicieux avec : les tomates, les aubergines, les courgettes…

Sauce « faux-magère » (pour 2 personnes)
Mélanger 1 c. à soupe de purée de noix de cajou avec 1 c. à soupe de tahin, 1 petite c. à soupe de levure maltée, 1 belle pincée d'ail en poudre, 1/2 c. à café d'oignon semoule, 2 c. à café de jus de citron et 1 belle pincée de sel.
Délicieux avec : tous les légumes qui donnent une petite envie de fromage (aubergines, courges, choux-fleurs, oignons…).

Sauce au yaourt (pour 2 personnes)
Mélanger 1 yaourt végétal (soja, amande) avec 2 c. à café de jus de citron, 1 petite gousse d'ail écrasée et 1 à 2 c. à soupe d'herbes fraîches ciselées au choix (coriandre, persil, thym, ciboulette…).
Délicieux avec : à peu près tous les légumes, qu'ils soient servis chauds (courges, pommes de terre, choux-fleurs) ou refroidis en salade (aubergines, carottes, fenouil, poivrons…).

Crème fouettée coco-curcuma (pour 4 personnes)
La veille, mettre 1 boîte de lait de coco au réfrigérateur. Le jour même, prélever la crème remontée sur le dessus (le petit-lait restant au fond pourra être utilisé dans un bouillon). Battre comme de la crème fouettée pendant quelques minutes, en ajoutant en cours d'opération 1 grosse c. à café de curcuma, 1 belle pincée d'ail en poudre, 1 pincée de poivre fraîchement moulu et 2 pincées de sel. Conserver jusqu'à 3 jours dans un récipient hermétique au réfrigérateur.
Délicieux avec : carottes, choux-fleurs, pommes de terre, poireaux, patates douces…

Vinaigrette aux superaliments (pour 2 personnes)
Fouetter vivement 2 c. à soupe d'huile d'olive avec 2 c. à café de jus de ciron, 1 c. à café de tamari et 1 c. à café de superaliments en poudre : acérola avec des carottes ou des petits pois, maca avec de la courge ou de la patate douce, spiruline avec des légumes verts ou du chou-fleur, cacao cru avec de la courge et une pointe de zeste d'orange…

D'autres idées pour accompagner vos légumes à la vapeur

- Des graines toastées quelques minutes à la poêle sans matières grasses, jusqu'à ce que leur parfum se dégage (amandes, tournesol, courge, sésame).
- Du pesto (maison, c'est encore meilleur !), classique ou à base d'amandes, de tournesol, d'aromates variés (thym, coriandre…) et d'huiles diverses (olive, colza, argan, noix…).
- Une béchamel de haricots blancs express (mixer 1 boîte haricots blancs cuits et rincés avec 1 c. à café de cumin, 2 c. à café de jus de citron, 1 belle pincée de muscade, un peu d'ail en poudre, puis allonger progressivement avec de l'eau fraîche jusqu'à obtention de la consistance souhaitée).
- Du granola salé à base de petites graines et d'oléagineux (tournesol, courge, amandes, noix de cajou, sésame…) pour leur donner du croquant.

Petits flans express orange douce et butternut

Voici la recette idéale pour recycler un reste de légumes en un tournemain (ou plutôt un coup de mixeur) et 15 minutes de cuisson. Autant dire que je ne me prive pas de la décliner avec tous les légumes et aromates qui me passent sous la main, surtout lorsqu'il s'agit de faire avaler leur dose de vitamines à mes enfants ! Voici ma version préférée, à vous d'inventer la vôtre…

Pour 4 personnes

• 200 g de chair de butternut cuite (en morceaux ou en purée) • 2 œufs*
• 2 gouttes d'huile essentielle d'orange douce • 60 ml de crème végétale
• 1 petite c. à café de curcuma frais râpé ou en poudre
Facultatif : graines de sésame

Mixer la chair de butternut avec les œufs, l'huile essentielle, la crème et le curcuma. Saler et poivrer. Répartir dans 4 petits ramequins. Parsemer de graines de sésame si on le souhaite. Cuire 15 minutes environ à la vapeur. Consommer tiède.

* Version vegan : remplacer les œufs par 150 g de tofu soyeux.

Variantes saisonnières

• Printemps : petits pois, brocoli et menthe (fraîche ou en huile essentielle).
• Été : tomate et poivron rôti (à déguster froid).
• Automne : céleri-rave et châtaigne.
• Hiver : patate douce et cacao en poudre.

Galette de pois chiches

Cette préparation traditionnelle méditerranéenne (appelez-la socca, cecina ou encore panisse, selon la recette et le pays d'origine) est une merveille : il suffit d'un paquet de farine de pois chiche, d'une pincée de sel, d'un filet d'huile d'olive et d'à peine 20 minutes de cuisson pour obtenir une belle galette parfumée, à garnir à volonté. En remplaçant l'habituelle cuisson au four ou à la poêle par la vapeur et en ajoutant une touche de fécule, on gagne en moelleux et en légèreté, et en plus, on peut parsemer sa galette de petites choses qui ne risquent pas de griller : ici par exemple, un mélange de cumin, pistaches et zestes d'orange.

Pour 4 à 6 personnes

• 150 g de farine de pois chiche • 30 g d'arrow-root
• 1 petite c. à café de sel • 1 petite c. à café de cumin
• 2 c. à soupe d'huile d'olive • Le zeste d'1/2 orange
• 1 c. à soupe de pistaches

Mélanger la farine avec l'arrow-root, le sel et le cumin. Ajouter 300 ml d'eau petit à petit, tout en remuant vivement pour éviter les grumeaux, et terminer par 1 c. à soupe d'huile d'olive. Laisser reposer pendant 1 heure. Huiler un petit moule d'environ 18 cm de diamètre, y verser la pâte et la cuire 10 minutes à la vapeur. Parsemer de zestes d'orange et de pistaches hachées, et refaire cuire pendant 10 minutes. Laisser tiédir avant de démouler et découper en tranches pour servir.

Astuces

Cette galette nomade et multifonction peut prendre mille aspects différents :
• en base de tarte ou de pizza *gluten free*, garnir à volonté et passer rapidement au four ou à la vapeur si les ingrédients l'exigent ;
• à la place du pain dans les sandwichs, faire des galettes deux fois plus fines et les cuire 12 minutes seulement ;
• en toasts apéro, découper en petits carrés ou en triangles et décorer selon l'envie ;
• en mouillettes avec les œufs à la coque, avec un peu de beurre végétal ou de purée d'oléagineux.

Patate douce
farcie aux épinards

La patate douce est un vrai trésor : bourrée de vitamine A, elle est aussi très riche en cuivre et en manganèse. Cette recette à la vapeur préserve ses précieux nutriments et je ne me lasse pas de la faire et refaire en hiver, en variant sa garniture : houmous ou pois chiches rôtis, fromage de chèvre, avocat, pesto, graines diverses ou germées… Faites-vous plaisir, c'est pour votre bien !

Pour 2 personnes

• 1 belle patate douce (600 g environ)
• 1 c. à café d'huile de coco (ou d'huile d'olive)
• 1 grosse poignée de pousses d'épinards
• 1 c. à soupe de crème végétale
• 1 c. à soupe de tahin • 2 c. à café de jus de citron

Brosser la patate douce et l'ouvrir en deux dans la longueur. Badigeonner la chair avec l'huile de coco et saupoudrer d'une pincée de sel. Disposer dans une cocotte, peau vers le bas, et cuire à la vapeur douce jusqu'à ce que la chair soit bien tendre à cœur (30 à 40 minutes). Laisser tiédir pendant 5 minutes, puis prélever délicatement la chair à la cuillère, jusqu'à 1/2 cm du bord. La mélanger dans un bol avec les pousses d'épinards lavées et essorées délicatement, et la crème végétale. Remettre dans les fonds de patate douce, puis dans le panier du cuit-vapeur, et cuire encore 10 minutes. Pendant ce temps, mélanger dans un bol le tahin avec le jus de citron et allonger avec juste assez d'eau pour obtenir un coulis crémeux. Saler légèrement. Disposer les demi-patates douces sur des assiettes et servir avec la crème au sésame.

Oeufs cocotte au curcuma et aux pousses d'épinards

Si vous aimez les œufs, testez leur cuisson à la vapeur, ça fonctionne très bien ! Ces petits œufs cocotte simplissimes sont enrichis d'une poignée de feuilles d'épinards et d'un peu de curcuma pour une jolie couleur dorée. À vous de créer votre variante préférée !

Pour 1 personne

- 1 petite poignée de feuilles d'épinards fraîches
- 60 ml de crème végétale
- 2 grosses pincées de curcuma en poudre
- 1 œuf (ou 2 selon l'appétit)

Laver les épinards, les disposer dans le fond d'une petite cocotte individuelle ou d'un ramequin. Mélanger la crème avec le curcuma et une pincée sel, verser sur les épinards. Casser l'œuf et le placer délicatement au-dessus. Cuire 12 minutes environ à la vapeur : le blanc doit être juste pris et le jaune encore crémeux.

D'autres idées

Remplacer les épinards par des rondelles de courge cuites et des épices douces, des fleurettes de brocoli et du thym frais ou des tagliatelles de légumes (carotte, courgette…) et du basilic.

Clafoutis de courgette à la menthe

Le clafoutis à la vapeur, c'est la promesse d'un petit plat incroyablement fondant et parfumé. À décliner toute l'année avec des légumes de saison ou pourquoi pas en dessert, avec des cerises, des poires ou des abricots… Dans ce cas, remplacez le bouillon par 50 g de sucre blond ou intégral et parsemez votre préparation de petites graines hachées ou de pépites de chocolat.

Pour 2 personnes

• 1 grosse courgette • 1 œuf* • 10 ml de crème liquide végétale
• 1 petite c. à café de bouillon végétal en poudre (ou 1/2 cube émietté)
• 3 à 4 feuilles de menthe • 1 c. à soupe de graines de tournesol
• 60 g de fromage de chèvre frais • 1 c. à café d'huile de tournesol

Laver la courgette et la couper en fines rondelles, puis les disposer dans un petit plat à gratin tenant dans le cuit-vapeur. Mixer l'œuf avec la crème, le bouillon et la menthe jusqu'à l'obtention d'une crème lisse. Saler légèrement, poivrer et verser sur les rondelles de courgette. Disposer dans le cuit-vapeur, couvrir si nécessaire d'une feuille de papier cuisson et cuire pendant 25 minutes environ (vérifier avec la pointe d'un couteau que la crème est bien prise). Torréfier les graines de tournesol pendant quelques minutes dans une poêle sans matières grasses, jusqu'à ce qu'elles soient juste dorées. Les hacher grossièrement au couteau. Parsemer le gratin de morceaux de chèvre frais et de graines de tournesol, arroser d'un trait d'huile et servir.

* Version vegan : remplacer l'œuf par 80 g de tofu soyeux mixé.

Variantes

- Courge, cumin et zeste d'orange.
- Aubergine (en tout petits morceaux), purée de sésame et jus de citron.
- Tomates cerise, thym et amandes concassées.
- Petits pois, miso blanc et ciboulette.

Boulettes vapeur à l'origan

Ces boulettes toutes simples mettent à l'honneur une excellente source de protéines végétales : les protéines de soja texturées, de drôles de petites pépites à réhydrater puis à préparer comme de la viande hachée. C'est le bouillon qui leur donne du goût, n'hésitez pas à le corser un peu ! Et si vous aimez, comme moi, les déguster sur un plat de spaghettis, ajoutez-leur de l'origan et faites réchauffer la sauce tomate dans un bol au cuit-vapeur, à côté du plat de boulettes. Les repas sont encore meilleurs quand il y a moins de vaisselle !

Pour une vingtaine de boulettes

• 2 c. à café de bouillon végétal en poudre (ou 1 cube) • 40 ml de tamari
• 60 g de petites protéines de soja texturées (en magasin bio)
• 100 g de farine de pois chiche • 30 g de fécule • 1/2 c. à café de sel
• 1 c. à café bombée d'origan • 3 cébettes • 1 c. à soupe de chapelure

Dans une casserole, porter à frémissements 350 ml d'eau avec le bouillon et le tamari. Y plonger les protéines de soja et les laisser se réhydrater hors du feu pendant 20 minutes. Placer les protéines et 80 ml de bouillon dans un grand bol, ajouter la farine de pois chiche, la fécule, le sel et l'origan. Bien mélanger jusqu'à l'obtention d'un mélange assez compact. Ajouter les cébettes émincées. Avec les mains humides, façonner des boulettes de la taille d'une grosse noix et les rouler dans la chapelure. Les disposer dans un plat, placer celui-ci dans le cuit-vapeur et cuire pendant 20 minutes : les boulettes doivent être bien fermes. Servir avec les accompagnements souhaités.

magimix

Potimarron farci au quinoa

Compliquée, la courge farcie ? Pas avec cette recette, dans laquelle on n'utilise qu'un seul outil : le cuit-vapeur ! Les flocons de quinoa et le panais cuisent directement dans le potimarron, avec un peu de poire et de crème parfumée. Il n'y a plus qu'à ôter le chapeau et déguster bien chaud !

Pour 2 personnes

• 1 petit potimarron (800 g environ) • 1 poire
• 30 g de flocons de quinoa (ou de millet) • 100 g de panais environ
• 2 c. à café de purée de noix de cajou (ou d'amandes blanches)
• 1 c. à café de jus de citron • 1 c. à soupe de levure maltée
• 1 c. à café rase de bouillon végétal en poudre (ou 1/2 cube émietté)
• Garniture : éclats de noisette et chapelure

Laver le potimarron, le placer dans le cuit-vapeur et le cuire pendant 20 minutes environ, jusqu'à ce qu'il soit juste tendre à cœur (vérifier avec la pointe d'un couteau). Découper le chapeau, ôter les pépins à la cuillère et les jeter (ou les réserver pour les faire griller). Prélever la chair du potimarron jusqu'à 1 cm des bords (attention à ne pas percer l'écorce) et la mettre dans un grand bol. Ajouter la poire découpée en petits dés, les flocons et le panais épluché et finement râpé. Dans un petit bol, mélanger la purée de noix de cajou avec le jus de citron et la levure maltée, allonger avec juste assez d'eau pour obtenir un coulis épais (1,5 c. à soupe environ). Ajouter le bouillon et verser sur le mélange à la poire, saler légèrement et bien mélanger. Remplir le potimarron avec cette préparation, replacer le chapeau et refaire cuire à la vapeur pendant 15 à 20 minutes. Parsemer d'éclats de noisettes et de chapelure, et servir bien chaud.

EDDINGTON

Purées végétales pour bébé

Mais bien sûr qu'on veut le meilleur pour nos enfants… surtout si c'est facile et pas trop contraignant côté vaisselle, n'est-ce pas ? Voici quatre recettes de préparations légumières très simples pour les tout-petits, bourrées de nutriments grâce à la cuisson douce. À servir à tout âge (selon les recommandations de votre pédiatre) : chez moi, elles ont été validées de 4 à 39 ans !

Chaque recette est pour 1 petit pot de 200 ml environ

CAROTTE-ORANGE-CUMIN

• 1 carotte (80 g environ) • 1 c. à soupe bombée de lentilles corail • 50 ml de jus d'orange • 1 pincée de cumin en poudre • 2 c. à café d'huile d'argan (ou d'olive)

Dans un bol, mélanger la carotte lavée et coupée en rondelles, les lentilles corail, le jus d'orange, le cumin et une pincée de sel. Cuire environ 20 minutes à la vapeur, jusqu'à ce que les carottes soient bien tendres. Ajouter l'huile végétale et écraser ou mixer plus ou moins finement, selon la texture souhaitée.

POMME-FENOUIL

• 1 petit fenouil • 1 petite pomme • 1/2 c. à café de bouillon végétal en poudre • 1 grosse c. à café de purée d'amandes blanches

Ôter les branches, la base et l'écorce extérieure du fenouil afin de prélever le cœur. L'émincer et le mettre dans un bol avec la pomme en petits cubes et le bouillon. Ajouter 1 c. à soupe d'eau et bien mélanger. Cuire environ 15 minutes à la vapeur, jusqu'à ce que le fenouil soit bien tendre. Ajouter la purée d'amandes et écraser ou mixer plus ou moins finement, selon la texture souhaitée. Saler si on le souhaite.

PETITS POIS-BROCOLI-PISTACHE

• 100 g de petits pois écossés (frais ou surgelés) • 100 g de fleurettes de brocoli • 1 c. à café de purée de pistaches (ou de pépins de courge)

Dans un bol, mélanger les petits pois et le brocoli avec 2 c. à soupe d'eau et une pincée de sel. Cuire environ 10 minutes à la vapeur, jusqu'à ce que les légumes soient bien tendres. Ajouter la purée de pistaches et écraser ou mixer plus ou moins finement, selon la texture souhaitée.

COURGETTE-MILLET

• 1/2 courgette (130 g environ) • 2 c. à soupe de flocons de millet • 1 c. à café de jus de citron • 1 grosse pincée de thym séché • 3 c. à café d'huile d'olive

Éplucher la courgette, la couper en deux dans la longueur et ôter les graines avec une petite cuillère. Couper la chair en petits dés et les mélanger dans un bol avec les flocons de millet, le jus de citron, le thym, une pincée de sel et 3 c. à soupe d'eau. Cuire environ 15 minutes à la vapeur, jusqu'à ce que la courgette soit bien tendre. Ajouter l'huile d'olive et écraser ou mixer plus ou moins finement, selon la texture souhaitée.

1/2
EN 631-1
CONTINU
AUTOMATIC

Petite vapeur

Pain au rice cooker

Adepte du pain maison, mais pas de four ? Aucun souci, votre rice cooker s'en charge ! Eh oui, cette machine étonnante ne cuit pas que le riz : la levée se fera en mode « réchauffage », tandis qu'il suffira d'activer le mode « cuisson »... pour la cuisson. Un jeu d'enfant et un pain réussi, même s'il ne dore pas beaucoup et lève peu. Cette version au petit épeautre est plus digeste et plus saine que la recette classique, car très pauvre en gluten. À votre tour de tester vos farines préférées, ou même de parfumer ce pain surprenant avec des épices ou des aromates au choix !

Pour 1 gros pain de 800 g environ

- 500 g de farine de petit épeautre
- 1 sachet de levure de boulanger déshydratée
- 1,5 c. à café de sel • 1 c. à soupe d'huile d'olive

Mélanger la farine, la levure et le sel dans un grand saladier. Faire un puits et y verser 300 ml d'eau ainsi que l'huile d'olive. Mélanger à la cuillère en bois, puis pétrir à la main pendant 5 minutes : la pâte ne doit être ni friable ni collante (rajouter un peu d'eau ou de farine au besoin). Huiler les parois de la cuve du *rice cooker* et y déposer la boule de pâte légèrement farinée. Placer un torchon propre et légèrement humide sous le couvercle, mettre le *rice cooker* en marche en position « réchauffage » et laisser lever pendant 2 heures. Donner quelques coups de poing sur la pâte pour la dégazer, puis reformer une boule, la fariner légèrement et la remettre dans la cuve. Laisser lever encore 1 heure de la même façon, en mode « réchauffage ». Ôter ensuite le torchon, remettre le couvercle et activer le mode « cuisson ». Lorsque le *rice cooker* se remet automatiquement en mode « réchauffage », attendre 10 minutes, puis retourner le pain (avec un torchon pour ne pas se brûler) et recommencer l'opération. Si nécessaire, recommencer une troisième, voire une quatrième fois (bien attendre 10 minutes en mode « réchauffage » entre chaque phase de cuisson) : le pain doit sonner creux lorsqu'on le tapote. Laisser refroidir et conserver dans un torchon.

Cuisinart

Bouchées
apéritives de printemps

Ces jolies bouchées toutes vertes, riches en petits légumes de printemps, sont une excellente façon d'attaquer les premiers apéritifs de l'année. Ne vous arrêtez pas là : avec leur texture à mi-chemin entre le cake et le flan, elles sont également parfaites en pique-nique ou dans la *lunch box* au bureau !

Pour une quinzaine de grosses bouchées

• 100 g de farine de blé T80 • 75 g de farine de riz complet
• 1 c. à café bombée de poudre à lever
• 1 c. à café de bouillon végétal en poudre (ou 1/2 cube émietté)
• 1/2 c. à café de sel • 2 œufs* • 80 ml d'huile d'olive
• 120 ml de lait végétal (soja, avoine) • 1 grosse poignée de feuilles d'épinards
• 50 g de petits pois frais (ou surgelés) • 1 c. à soupe de graines de tournesol
• 1 c. à soupe bombée de coriandre

Mélanger les farines avec la poudre à lever, le bouillon et le sel. Incorporer les œufs un à un, puis l'huile d'olive et le lait légèrement tiédi. Battre énergiquement afin d'éviter les grumeaux. Ajouter les épinards lavés, essorés délicatement et déchirés en lanières, ainsi que les petits pois. Terminer par les graines de tournesol hachées grossièrement et la coriandre ciselée. Répartir dans des moules à minimuffins en silicone et cuire 15 à 20 minutes à la vapeur. Laisser tiédir ou refroidir avant de démouler et de consommer.

* Version vegan : remplacer les œufs par 120 g de tofu soyeux mixé et substituer 30 g de fécule au même poids de farine au choix.

Astuces

- En été : tomates, pesto et olives noires.
- En automne : figues fraîches et fromage de chèvre.
- En hiver : courge rôtie et noisettes.

Banh bao au chou-fleur

Les banh bao sont des petites brioches chinoises légèrement sucrées et généralement fourrées à la viande de porc et aux champignons. En voici une version végétale au chou-fleur, sésame et cumin, histoire de mélanger un peu les traditions. Attention, ils ont tendance à sécher assez rapidement : à consommer dans la journée !

Pour 5 brioches

Pour la pâte • 100 g de farine de blé T65 • 70 g de farine de riz complet • 30 g de sucre blond • 1/2 sachet de poudre à lever • 1 c. à soupe d'huile d'olive

Pour la garniture • 1 petit chou-fleur • 1 grosse c. à soupe de tahin • 1 petite c. à café de cumin en poudre • 1 c. à café de jus de citron

Dans un grand récipient, mélanger les farines avec le sucre, la poudre à lever, une belle pincée de sel et l'huile. Ajouter 80 ml d'eau petit à petit, tout en mélangeant, puis pétrir quelques minutes, jusqu'à l'obtention d'une boule de pâte souple. Couvrir d'un torchon humide et laisser reposer dans une pièce chaude pendant 2 heures.

Pendant ce temps, détailler le chou-fleur en fleurettes et les cuire 20 minutes environ à la vapeur (elles doivent être bien tendres). En prélever 200 g, les écraser à la fourchette et mélanger avec le tahin, le cumin et le jus de citron. Saler.

Diviser le pâton en 5 boules, les étaler en disques sur une épaisseur de 3 mm environ, en appuyant plus sur les bords pour les affiner. Disposer un disque de pâte sur la paume de la main gauche, garnir de 1 c. à soupe de chou-fleur et rabattre les bords en les pinçant en forme de S. Bien souder le dessus de la brioche en pressant avec les doigts. Recommencer jusqu'à épuisement des ingrédients.

Placer les brioches dans le cuit-vapeur sans qu'elles ne se touchent et les cuire pendant 15 minutes environ. Laisser tiédir avant de consommer, dans la journée.

Minimoelleux clémentines-châtaigne

Voici la première recette écrite pour ce livre, celle qui m'a ouvert les yeux sur les incroyables possibilités pâtissières de la cuisson vapeur : de petits moelleux parfumés aux épices et à la clémentine.

Pour une vingtaine de minimoelleux

• 2 clémentines • 1 gros œuf* • 50 g de sucre intégral ou de fleur de coco • 1 belle pincée de cannelle en poudre • 1 pincée de vanille en poudre • 50 g de flocons de riz • 40 g de farine de châtaigne • 1 c. à soupe de purée d'amandes

Peler les clémentines à vif afin de bien ôter leur pellicule blanche (trop amère pour être consommée) et de ne conserver que la chair. Détailler les quartiers en éliminant les filaments blancs et les pépins s'il y en a. Mixer avec l'œuf. Dans un grand bol, mélanger le sucre avec les épices et une pincée de sel, les flocons et la farine. Verser la crème de clémentine ainsi que la purée d'amandes sur le mélange sec et bien remuer afin d'obtenir une préparation homogène. Répartir dans des caissettes à minimuffins en silicone, jusqu'à 2 mm du bord. Placer dans le cuit-vapeur et cuire 20 minutes. Ouvrir le cuit-vapeur et vérifier la cuisson avec la pointe d'un couteau : les moelleux doivent être cuits à cœur. Laisser tiédir ou refroidir avant de consommer.

* Version vegan : remplacer l'œuf par 1 c. à soupe de graines de lin moulues ou de graines de chia, mélangées avec 40 ml d'eau et laissées à reposer pendant 10 minutes.

Astuces

• Les flocons de riz sont assez gros, mais ils fondent en cuisant. On peut cependant les mixer grossièrement, si on le souhaite, avant de les incorporer au mélange sec.
• Si on le souhaite, on peut « booster » le parfum de la clémentine avec 1 goutte d'huile essentielle de mandarine zeste ou 1 petite cuillerée du zeste prélevé sur le fruit utilisé.
• En version cupcakes, garnir ces moelleux avec de la chantilly de coco et parsemer de pépites de chocolat et d'éclats de noisette.

Raviolis chinois aux petits primeurs

Certes, la réalisation des raviolis maison demande un peu de temps, mais quel plaisir d'annoncer fièrement que vous avez tout fait vous-même ! Côté garniture, j'ai choisi ici de détourner la farce chinoise classique en associant des petits légumes primeurs, une touche de citron vert et quelques pistaches pour de jolis raviolis tout verts et printaniers. Et si vous êtes pressé ou pas très motivé, sachez qu'on trouve de la pâte à raviolis toute prête dans les épiceries asiatiques…

Pour une vingtaine de raviolis

Pour la pâte • 200 g de farine de blé T55

Pour la garniture • 2 belles poignées de jeunes pousses d'épinards • 200 g de fèves et de petits pois cuits (surgelés si on le souhaite)* • 4 tiges de cébette • 1 grosse c. à soupe de coriandre hachée • 1/2 citron vert bio • 2 c. à café d'huile de chanvre (ou de sésame) • 1 c. à soupe de pistaches

Préparer la pâte : mettre la farine dans un grand récipient et la mélanger avec une belle pincée de sel. Ajouter petit à petit 100 ml d'eau bouillante, en remuant constamment à la fourchette. Dès que la pâte s'amalgame, former une boule, la filmer et la placer au réfrigérateur pour 20 minutes environ. Faire tomber les pousses d'épinards 2 minutes dans un récipient, à la vapeur. Mélanger avec les fèves, les petits pois, les cébettes émincées et la coriandre. Dans un bol, mélanger le jus et le zeste du citron avec l'huile de chanvre, puis ajouter aux légumes, ainsi que les pistaches hachées. Saler.
Sortir la pâte du réfrigérateur. La rouler entre les paumes en un long boudin d'environ 2 cm de diamètre. Découper en une vingtaine de petits tronçons. Prélever un tronçon, l'aplatir sur le plan de travail fariné afin de former un petit disque épais. Étaler le disque, au rouleau à pâtisserie, des bords vers le centre, en opérant des quarts de tour entre chaque passage du rouleau : les bords doivent être plus fins que le centre. Placer un disque sur la paume, disposer 1 petite c. à soupe de garniture au centre et plier le disque en deux, en soudant bien les bords du bout des doigts farinés, afin d'obtenir un croissant. Le disposer sur une feuille de papier sulfurisé légèrement farinée. Répéter l'opération jusqu'à épuisement des ingrédients.
Cuire 15 à 20 minutes à la vapeur et déguster encore chaud, avec un peu de shoyu et d'huile végétale.

* Si on utilise des légumes crus, les écosser en ôtant également l'enveloppe des fèves, puis les cuire 10 minutes à la vapeur, en ajoutant les pousses d'épinards 2 minutes avant la fin de la cuisson.

Muffins aux pommes amandes et cannelle

Moelleux et fondants à souhait grâce à la cuisson vapeur, ultrafaciles à préparer et customisables à volonté selon le contenu des placards, ces muffins ont détrôné (ou presque) les cookies dans mon top 5 des petits snacks *healthy* à préparer vite fait sur un coin de table. Ne vous privez pas de les véganiser ou d'en faire une recette sans gluten avec, par exemple, des farines de riz et de châtaigne.

Pour 5 ou 6 petits muffins

• 50 g de farine de petit épeautre • 40 g d'amandes en poudre • 50 g de sucre intégral ou de coco • 20 g d'arrow-root (ou d'une autre fécule) • 2 c. à café de poudre à lever • 1/2 c. à café de cannelle en poudre • 1 œuf* • 100 g de compote de pommes • 50 ml de lait végétal

Mélanger la farine avec les amandes en poudre, le sucre, l'arrow-root, la poudre à lever, la cannelle et une pincée de sel. Ajouter l'œuf, puis la compote et le lait végétal, en remuant bien entre chaque. Répartir dans des petits moules ou des caissettes à muffins et cuire à la vapeur douce pendant 30 minutes (en couvrant les muffins avec un disque de papier sulfurisé si on le souhaite).

* Version vegan : remplacer l'œuf par 40 g de graines de lin moulues ou de graines de chia, mélangées avec 40 ml d'eau et laissées à reposer pendant 10 minutes.

Variantes

- Avec des myrtilles et de la vanille à la place de la cannelle.
- Avec des morceaux d'abricot et 1 pincée de fleurs de lavande.
- Avec des noisettes en poudre, des pépites de chocolat et 2 gouttes d'huile essentielle d'orange douce.
- Avec un mélange à parts égales de farines de riz et de quinoa, et des dés de poire.

Barres de céréales aux fruits secs

Certes, ces jolies barres ne dorent pas beaucoup, mais elles sont d'un moelleux incomparable et croquent agréablement sous la dent grâce aux amandes. Amusez-vous à varier les graines et les fruits secs, et à les enrichir d'une poignée de myrtilles ou d'une pomme râpée !

Pour une dizaine de barres

• 100 g de flocons d'avoine • 1 belle pincée de vanille en poudre • 1/2 c. à café de gingembre en poudre • 30 g d'amandes • 30 g d'airelles séchées • 10 g de chips de coco • 170 ml de lait d'amande • 40 ml de sirop d'agave (ou d'érable)

Dans un grand bol, mélanger les flocons avec une pincée de sel, les épices, les amandes hachées grossièrement, les airelles et les chips de coco. Ajouter le lait d'amande et le sirop d'agave, bien remuer jusqu'à l'obtention d'une pâte humide. Verser dans un moule carré d'environ 15 cm de côté et couvrir de papier sulfurisé si nécessaire. Cuire 25 minutes à la vapeur, puis laisser refroidir avant de découper en barres. Conserver dans une boîte hermétique au réfrigérateur et consommer dans les 48 heures.

Variantes

Pour une version *gluten free*, essayer les flocons de riz, de millet ou de quinoa ! Ces deux derniers étant assez forts en goût, ne pas hésiter à les mélanger (à parts égales) avec une variété plus douce (riz, avoine…).

gourmande

Yaourts maison à la vapeur

Pourquoi s'encombrer d'une yaourtière quand on peut faire incuber ses yaourts dans un cuit-vapeur ? Voici la recette de base des yaourts au lait de soja, que vous pourrez enrichir selon vos souhaits de sucre ou d'épices, de confiture ou de petits morceaux de fruits (cuits de préférence). Attention, seul le lait de soja coagule comme le lait de vache. Pour des yaourts d'amande ou de coco bien crémeux, il vous faudra tricher un peu avec des agents de texture 100 % naturels (fécule, agar-agar, graines de chia).

Pour 6 pots de 180 ml environ

• 1 l de lait de soja • 3 c. à soupe de lait d'amande en poudre*
• 1 yaourt de soja à température ambiante

Dans une casserole, mélanger le lait de soja avec la poudre de lait d'amande et porter à frémissements, puis laisser refroidir à 44 °C (vérifier avec un thermomètre de cuisson). Ajouter le yaourt et bien mélanger avec une cuillère en bois.
Répartir dans des pots à yaourt. Faire tourner à vide un cuit-vapeur électrique pendant 10 minutes, ou porter à ébullition l'eau d'un couscoussier. Placer les pots de yaourt sur le plateau de l'appareil et laisser incuber pendant 8 à 10 heures, selon le résultat souhaité, sans déplacer l'appareil et en le laissant débranché. Placer au réfrigérateur pour au moins 10 heures et consommer dans la semaine – en n'oubliant pas de conserver un yaourt pour la prochaine tournée !

* La recette au lait de vache utilise du lait en poudre classique, mais on trouve désormais en magasin bio différents laits d'amande en poudre.

Petits conseils

- Pour des yaourts plus crémeux, augmenter légèrement la quantité de lait en poudre.
- Si les yaourts sont trop liquides, augmenter légèrement le temps d'incubation.
- Pour des yaourts aux fruits, cuire ces dernier avec un peu de sucre afin d'éviter qu'ils ne fassent cailler le lait.
- On peut envelopper le cuit-vapeur dans une couverture pour bien conserver la chaleur pendant l'incubation. Dans tous les cas, surtout ne pas l'ouvrir !

Pommes soufflées à la vapeur

Saviez-vous qu'on peut aussi cuire les pommes à la vapeur ? Leur cuisson douce et pourtant deux fois moins longue que celle au four permet de les garnir de superaliments dont les nutriments, parfois fragiles, ne seront pas détruits par la chaleur : purées d'oléagineux, cacao cru, huiles essentielles, thé matcha… Un conseil, privilégiez les pommes qui se tiennent à la cuisson, de type golden ou reinette.

Par personne

• 1 pomme de taille moyenne • Garniture au choix (voir plus bas)

Couper le chapeau des pommes et ôter la chair jusqu'à 1 cm des bords avec une petite cuillère (attention à ne pas percer le fond). Garnir de la préparation choisie, replacer les chapeaux et disposer dans le cuit-vapeur. Cuire 20 minutes environ à la vapeur douce, en surveillant que les pommes n'éclatent pas !

Idées de garniture (par personne)

Érable et cacahuète

• 2 c. à café bombées de purée de cacahuètes + 2 c. à café de sirop d'érable

Noisette et cacao

• 2 c. à café bombées de purée de noisette + 2 c. à café rases de cacao en poudre non sucré + 1 c. à café de sirop de riz ou de coco + 1 pincée de cannelle + 1 c. à café de crème végétale

Amande et matcha

• 1 c. à café de thé matcha + 10 g d'amandes en poudre + 2 c. à café de crème végétale + 1 c. à café de sirop d'agave + 1 c. à café de jus de citron

Fruits rouges et coco

• 2 c. à café bombées de gelée de fruits rouges + 2 c. à café d'huile de coco

Porridge
pomme et caramel

Mais bien sûr qu'on peut cuire du porridge à la vapeur ! Double avantage : la texture onctueuse, crémeuse et réconfortante digne d'un vrai bon porridge, et la cuisson « sans les mains » : placez votre bol de porridge dans le cuit-vapeur, entourez de fruits en morceaux, lancez la cuisson et filez prendre votre douche ! Il ne restera plus qu'à mélanger les fruits moelleux aux flocons et à couvrir de *toppings* au choix. Voilà une journée qui commence bien !

Pour 1 personne

• 40 g de flocons d'avoine (ou d'autres flocons si on le souhaite)
• 2 c. à café de sucre intégral ou de coco • 2 belles pincées de cannelle
• 2 c. à café bombées de graines de chia • 200 ml de lait d'amande
• 1 pomme • 1 petite c. à soupe de purée d'amandes blanches
• 2 c. à café de sirop de coco ou de riz • 3 noisettes

Mélanger dans un bol les flocons avec le sucre, la cannelle, une pincée de sel et les graines de chia. Ajouter le lait tout en mélangeant. Couvrir le bol si nécessaire et le placer dans le cuit-vapeur. Couper la pomme en lamelles et les disposer tout autour du bol. Cuire 10 minutes à la vapeur, puis laisser reposer 5 minutes. Ajouter la purée d'amandes, les lamelles de pomme cuites et le sirop, puis les noisettes hachées.

Variantes

- Flocons de riz, lait d'amande, fruits rouges et gingembre en poudre.
- Flocons d'avoine et de châtaigne, lait d'avoine, figues fraîches et noix.
- Flocons de riz et de millet, pêches, laits d'amande et de coco, topping pétales de coco.
- Flocons d'avoine et de sarrasin, lait d'avoine, topping pépites de chocolat et purée de noisette.

Dejelin

Crèmes tapioca au caramel végétal

Quel dommage que le tapioca soit si peu connu chez nous ! Cuit en quelques minutes dans du lait végétal, il évoque un peu le célébrissime *chia pudding*, en version tiède et cocooning. Dans cette recette, il est enrichi d'un étonnant caramel de dattes 100 % naturel – n'hésitez pas à doubler les quantités pour recycler l'excédent sur des crêpes ou même à la petite cuillère !

5

Pour 4 personnes

• 4 dattes • 1 c. à soupe de purée d'amandes blanches
• 5 400 ml de lait d'amande • 1/2 c. à café de vanille en poudre
• 2 c. à soupe rases de sucre de canne blond • 100 g de tapioca
50

Préparer le caramel de dattes : faire tremper les dattes 10 minutes dans de l'eau chaude pour les ramollir. Les dénoyauter, puis les mixer longuement avec 50 ml d'eau, jusqu'à l'obtention d'une crème homogène. Ajouter la purée d'amandes, une pincée de sel et bien mélanger. Répartir dans 4 petits pots à yaourt ou ramequins.

Dans un bol, mélanger le lait d'amande avec la vanille et le sucre. Placer dans le cuit-vapeur et faire chauffer doucement pendant 10 minutes. Hors du cuit-vapeur, ajouter le tapioca et bien mélanger jusqu'à épaississement. Verser dans les pots, sur le caramel de dattes. Remettre dans le cuit-vapeur et cuire pendant 10 minutes. Déguster ces petites crèmes tièdes ou froides dans la journée, car elles ont tendance à durcir au réfrigérateur.

Petits pots de crème au café

Ces délicieuses petites crèmes 100 % végétales à base de lait de coco sont sucrées naturellement avec des dattes et parfumées d'une pincée de cardamome. Un conseil : faites-leur passer la nuit au réfrigérateur, elles sont encore meilleures le lendemain !

Pour 4 personnes

- 4 à 5 dattes medjool (selon leur taille)
- 170 g de lait de coco
- 100 ml de lait d'amande
- 25 ml de café très fort
- 1 belle pincée de cardamome en poudre
- 30 g d'arrow-root

Faire tremper les dattes 10 minutes dans un bol d'eau chaude pour les ramollir. Ôter les noyaux, puis mettre leur chair dans le bol d'un blender, avec les laits de coco et d'amande, le café et la cardamome. Mixer longuement, jusqu'à l'obtention d'une crème fluide et homogène. Ajouter la fécule et fouetter vivement afin d'éviter les grumeaux. Répartir dans 4 petits ramequins, couvrir si nécessaire et cuire 20 minutes à la vapeur.

Variantes

Si l'on n'est pas très café, le remplacer par de la chicorée ou un chocolat chaud bien tassé, à base de vrai chocolat noir !

Mug cake au citron

Super tendance, le *mug cake* et son petit copain le *bowl cake* sont les amis des gourmands paresseux et des pâtissiers solos : on mélange rapidement quelques ingrédients dans une tasse, on cuit quelques minutes et on déguste ! Cette recette très citronnée et délicieusement acidulée ne déroge pas à la règle et présente en outre le gros avantage d'être bien plus saine que la version au micro-ondes…

Pour 1 personne

- 50 g de compote de pomme sans sucre ajouté
- 40 g de farine de blé T80
- 20 g de sucre de canne blond
- 1 c. à café de poudre à lever
- 1/2 citron bio
- 30 g (1 grosse c. à soupe) de purée d'amandes blanches

Dans une tasse de type *mug*, mélanger la compote avec la farine, le sucre et la poudre à lever. Ajouter le jus et le zeste du citron, puis la purée d'amandes. Cuire 15 à 20 minutes à la vapeur (selon la consistance désirée). Déguster tiède.

Variantes

- Chocolatée : remplacer le citron par 40 g de chocolat fondu et la purée d'amandes par celle de noisettes.
- 100 % légumes : remplacer la compote de pommes par de la purée de courges, le sucre blond par du sucre intégral et parfumer avec des épices douces (cannelle, gingembre, vanille…).
- Fruits rouges : supprimer le zeste du citron, ajouter 1 belle poignée de myrtilles et 1 goutte d'huile essentielle de géranium.

Banana bread à la vapeur

Il existe mille variantes du *banana bread*. Celui-ci ne demande que 10 minutes de préparation et est incroyablement moelleux grâce à la cuisson vapeur. Petite astuce pour un contraste croquant-fondant inégalable : couvrez-le d'oléagineux !
Chez nous, on le cuit tranquillement le vendredi soir pour des petits déjeuners de roi tout le week-end…

Pour 1 cake de taille moyenne

- 3 bananes bien mûres
- 80 ml d'huile de coco (ou d'olive)
- 80 ml de lait végétal
- 80 g de sucre intégral ou de fleur de coco
- 200 g de farine de petit épeautre
- 1 c. à café bombée de poudre à lever
- 70 g d'amandes en poudre
- 30 g d'arrow-root
- 1 grosse pincée de vanille en poudre
- Facultatif : 1 petite poignée de noix et/ou de noisettes

Écraser les bananes jusqu'à ce qu'elles soient liquides. Y ajouter les autres ingrédients (sauf les noix) dans l'ordre, en mélangeant bien entre chaque ajout. Verser dans un moule à cake huilé et fariné, parsemer de noix et noisettes hachées grossièrement. Placer le moule dans le cuit-vapeur, couvrir si nécessaire et cuire 45 minutes environ, jusqu'à ce que le gâteau soit cuit (la pointe d'un couteau doit en ressortir sèche). Laisser complètement refroidir avant de démouler (glisser la lame du couteau le long de la paroi du moule au besoin). Conserver dans un torchon propre ou du film alimentaire et consommer dans les 48 heures.

Variantes

Le *banana bread* est l'un des gâteaux les plus customisables qui soient. Ajoutez du chocolat fondu ou du cacao à la pâte, troquez les amandes en poudre contre des noisettes ou une farine originale (châtaigne, quinoa, maïs), truffez-le de morceaux de fruits frais ou secs… Et bien sûr, dégustez-le couvert de pâte à tartiner, de confiture ou de beurre végétal !

Ultrafondant chocolat-noisette

Voici un fondant encore plus fondant que le plus fondant des fondants au chocolat. Grâce à sa cuisson vapeur toute douce, il reste presque crémeux, tout en prenant suffisamment de tenue pour être parfaitement présentable à l'heure de la dégustation. 100 % végétal, presque dénué de matières grasses (à part celles du chocolat), il est à dévorer sans complexes et c'est tant mieux puisque l'ajout de noisettes et de vanille lui donne un petit air de brownie totalement irrésistible…

Pour 6 personnes

• 200 g de chocolat noir pâtissier
• 150 g de compote de pommes sans sucres ajoutés
• 70 g de sucre intégral ou de coco • 1 pincée de vanille en poudre
• 50 g de farine de petit épeautre • 50 g de noisettes en poudre
• 1 c. à café de poudre à lever

Découper le chocolat en carrés et les mettre dans un grand bol. Placer celui-ci dans le cuit-vapeur et faire fondre 8 à 10 minutes à la vapeur douce, puis mélanger énergiquement. Ajouter la compote, puis le sucre, la vanille et une pincée de sel, en mélangeant bien. Terminer par la farine, les noisettes en poudre et la poudre à lever. Verser dans un moule rond ou carré (selon les possibilités offertes par le cuit-vapeur), couvrir si nécessaire et cuire 30 minutes environ à la vapeur : le centre du gâteau doit être juste cuit (vérifier avec la pointe d'un couteau). Laisser tiédir ou refroidir avant de démouler très délicatement. Conserver au réfrigérateur et consommer dans les 48 heures.

Moelleux framboises et coco

Le moelleux (et ses diverses variantes) est « le » gâteau qui gagne vraiment à être cuit à la vapeur : certes, il ne dore pas, il gonfle peu, mais quel moelleux ! Cette recette est idéale pour les gâteaux à étages, il suffit de cuire autant de disques de pâte que nécessaire. J'ai réalisé ce gâteau avec un cuit-vapeur d'assez petite taille, mais bien sûr rien ne vous interdit de choisir un moule plus grand (en augmentant les quantités de pâte) s'il tient dans le panier de votre appareil.

Pour 6 personnes

Pour le moelleux • 2 œufs* • 130 g de sucre de canne blond • 125 ml d'huile de coco • 1 c. à soupe de jus de citron • 80 g de farine de blé • 30 g d'arrow-root • 20 g de farine de coco • 2 c. à café de poudre à lever

Pour la garniture

• 1 boîte de lait de coco • 250 g de framboises • 2 c. à soupe de sirop d'agave

La veille, placer la boîte de lait de coco au réfrigérateur, à la verticale.

Fouetter vivement les œufs avec le sucre. Faire fondre l'huile de coco et l'ajouter au mélange. Continuer avec les autres ingrédients, dans l'ordre, en mélangeant bien entre chaque ajout. Diviser la pâte en deux. Verser la première moitié dans un petit moule de 16 cm de diamètre huilé et fariné, couvrir si nécessaire. Cuire pendant 25 minutes à la vapeur. Laisser tiédir légèrement, démouler sur une grille et laisser refroidir. Pendant ce temps, nettoyer le moule et répéter l'opération avec la seconde moitié de pâte. Pendant que les gâteaux refroidissent, préparer la chantilly : sortir la boîte de lait de coco du réfrigérateur, l'ouvrir et prélever la crème sur le dessus (réserver le petit-lait au fond pour un autre usage). La mettre dans un grand bol avec 50 g de framboises lavées et le sirop d'agave, et battre comme une crème fouettée. Placer le premier disque de pâte dans un plat, le couvrir de chantilly et de framboises, recouvrir du second disque de pâte et décorer avec les framboises et la chantilly restantes. Conserver au réfrigérateur et sortir 20 minutes avant de consommer.

* Version vegan : remplacer les œufs par 2 c. à soupe de graines de chia, mélangées avec 80 ml d'eau ou de lait végétal et laissées à reposer pendant 15 minutes. À incorporer avec l'huile de coco.

MME AUTORITAIRE sauve le zoo
M. CHATOUILLE et le dragon
Une inondation chez M. COSTAUD
LES MONSIEUR MADAME et les dinosaures
MME ANNIVERSAIRE
Les MONSIEUR MADAME et le réveillon de Noël
MME TERREUR
M. NOËL
M. ANNIVERSAIRE
hachette
JEUNESSE

Petits fondants à la poire

J'ai beaucoup hésité à ajouter un peu de purée d'amandes à ces petits fondants. Et puis je me suis dit que j'allais d'abord les tester sans, même si je ne suis pas très attirée par les desserts à 0 % de matières grasses. J'ai bien fait, ils sont délicieux tels quels, extraordinairement fondants et savoureux grâce à l'alliance de la poire caramélisée, des noisettes et du cacao en poudre. Puisque c'est comme ça, dévorez-en trois sans complexes !

Pour 2 personnes

• 1 petite poire bien mûre • 1 noisette d'huile de coco • 1 c. à soupe de sucre intégral • 1 œuf* • 30 g de noisettes • 1 pincée de vanille en poudre • 2 c. à café de cacao en poudre non sucré • Facultatif : 1 c. à café bombée de pralin ou de noisettes hachées

Couper la poire en petits morceaux et les faire revenir dans une casserole avec l'huile de coco et 1 c. à café de sucre pendant 5 minutes. Mixer avec l'œuf. Moudre les noisettes avec la vanille, le cacao et le reste du sucre, puis ajouter au mélange à la poire et bien mélanger. Verser dans 2 ramequins, couvrir si nécessaire et cuire 12 minutes à la vapeur douce. Parsemer de pralin ou de noisettes hachées et consommer tiède ou froid.

* Version vegan : remplacer l'œuf par 60 g de tofu soyeux.

Les Éditions La Plage tiennent à remercier Dejelin (www.dejelin.be) pour le prêt du four mobile à vapeur.
Pour être tenu au courant de nos publications, envoyez vos coordonnées à : edition@laplage.fr

ISBN : 978-2-84221-576-7
Achevé d'imprimer en décembre 2017
Conception graphique : David Cosson – dazibaocom.com
Relecture : Clémentine Bougrat
Photogravure : Jean-Marie Genot (34)
Imprimé à Barcelone sur du papier FSC® (issu de forêts gérées de façon responsable), par Beta, un imprimeur labellisé pour ses pratiques respectueuses de l'environnement.

bones pràctiques ambientals · buenas prácticas ambientales

FSC MIXTE Papier FSC® C112206